QING SHAO NIAN KE XUE TAN SUO YING

青少年科学探索营

U0740666

科学发现跟踪

余海文 编著　丛书主编 郭艳红

探险：探险发现的境界

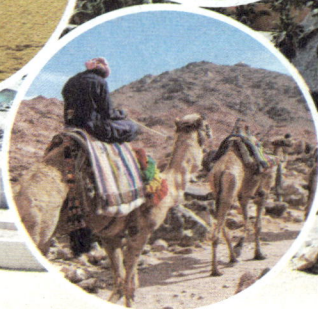

汕头大学出版社

图书在版编目（CIP）数据

探险 : 探险发现的境界 / 余海文编著. -- 汕头 ：
汕头大学出版社，2015.3（2020.1重印）
（青少年科学探索营 / 郭艳红主编）
ISBN 978-7-5658-1678-9

Ⅰ．①探… Ⅱ．①余… Ⅲ．①探险－世界－青少年读
物 Ⅳ．①N81-49

中国版本图书馆CIP数据核字（2015）第027419号

探险：探险发现的境界　　　　　TANXIAN：TANXIAN FAXIAN DE JINGJIE

编　　著：余海文
丛书主编：郭艳红
责任编辑：胡开祥
封面设计：大华文苑
责任技编：黄东生
出版发行：汕头大学出版社
　　　　　广东省汕头市大学路243号汕头大学校园内　邮政编码：515063
电　　话：0754-82904613
印　　刷：三河市燕春印务有限公司
开　　本：700mm×1000mm 1/16
印　　张：7
字　　数：50千字
版　　次：2015年3月第1版
印　　次：2020年1月第2次印刷
定　　价：29.80元
ISBN 978-7-5658-1678-9

前言

　　科学探索是认识世界的天梯，具有巨大的前进力量。随着科学的萌芽，迎来了人类文明的曙光。随着科学技术的发展，推动了人类社会的进步。随着知识的积累，人类利用自然、改造自然的的能力越来越强，科学越来越广泛而深入地渗透到人们的工作、生产、生活和思维等方面，科学技术成为人类文明程度的主要标志，科学的光芒照耀着我们前进的方向。

　　因此，我们只有通过科学探索，在未知的及已知的领域重新发现，才能创造崭新的天地，才能不断推进人类文明向前发展，才能从必然王国走向自由王国。

　　但是，我们生存世界的奥秘，几乎是无穷无尽，从太空到地球，从宇宙到海洋，真是无奇不有，怪事迭起，奥妙无穷，神秘莫测，许许多多的难解之谜简直不可思议，使我们对自己的生命现象和生存环境捉摸不透。破解这些谜团，有助于我们人类社会向更高层次不断迈进。

　　其实，宇宙世界的丰富多彩与无限魅力就在于那许许多多的难解之谜，使我们不得不密切关注和发出疑问。我们总是不断地去认识它、探索它。虽然今天科学技术的发展日新月异，达到了很高程度，但对于那些奥秘还是难以圆满解答。尽管经过古今中外许许多多科学先驱不断奋斗，一个个奥秘被不断解开，推进了科学技术大发展，但随之又发现了许多新的奥秘，又不得不向新问题发起挑战。

宇宙世界是无限的，科学探索也是无限的，我们只有不断拓展更加广阔的生存空间，破解更多的奥秘现象，才能使之造福于我们人类，我们人类社会才能不断获得发展。

为了普及科学知识，激励广大青少年认识和探索宇宙世界的无穷奥妙，根据中外最新研究成果，编辑了这套《青少年科学探索营》，主要包括基础科学、奥秘世界、未解之谜、神奇探索、科学发现等内容，具有很强系统性、科学性、可读性和新奇性。

本套作品知识全面、内容精炼、图文并茂，形象生动，能够培养我们的科学兴趣和爱好，达到普及科学知识的目的，具有很强的可读性、启发性和知识性，是我们广大青少年读者了解科技、增长知识、开阔视野、提高素质、激发探索和启迪智慧的良好科普读物。

目　录

第一次天空冒险

偶然的发现

1783年，人类第一次利用自己制造的飞行器成功飞上天空，并做了较长时间的飞行。当时的飞行器是热气球，展示热气球飞行表演的是蒙哥尔费兄弟。这样的奇思妙想是怎样产生的呢？

蒙哥尔费兄弟均在法国从事造纸业，曾经因发明了新式仿羊皮纸和水锤扬水器而闻名全国。不过，真正使两人扬名于世界的还是他们的热气球飞行试验。

1782年冬天的一天，哥哥约瑟夫正坐在家里的壁炉前发呆。突然，约瑟夫看到妻子放在壁炉边烘烤的湿胸衣像被风吹起一样悠悠地升了起来，一直飞到天花板上。约瑟夫顿发奇

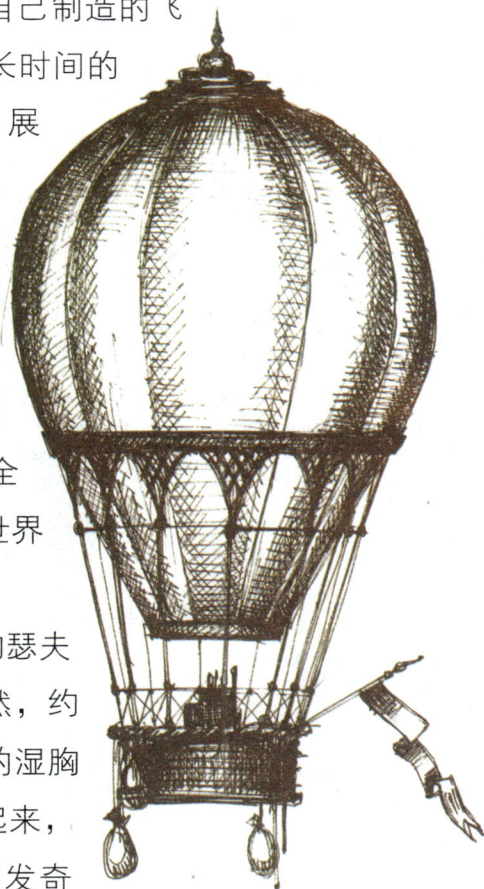

想：既然胸衣可以由壁炉旁的热气托起，那么可不可以把这些热气收集起来，让它托运更大的物体呢？

好奇的约瑟夫做了一个试验。他用上等丝绸做了一个口袋，然后点上一把小火，将口袋口朝下，把小火放在口袋口，用来加热口袋里的空气。只见口袋开始慢慢鼓起，并飞向天花板。

试验成功了。兴奋的约瑟夫立刻把这个发现告诉弟弟，两人联手进行了一次更大规模的试验。这一次试验在室外进行，充了热气的气球升至20多米高才逐渐冷却、缩小，慢慢下沉。

约瑟夫兄弟又进行了一系列的试验，气球越做越大，飞得越来越高，越来越快，试验也由当初的秘密进行转为公开。1783年6月4日，两人在家乡昂诺内镇的广场上进行了一次表演：他们先挖好一个大坑，里面放入稻草和羊毛。点燃这些稻草和羊毛，将产生的热空气充入一个直径达10米的气球。在充气时有8个壮汉紧紧拉着气球的绳索，使其不至于离开地面。气球被充满以后，8个壮汉松开绳索，气球开始向上飞，并随着风开始移动。这次表演热气球升空的最大高度为457米，飞行约10分钟，飞行距离约1600米。

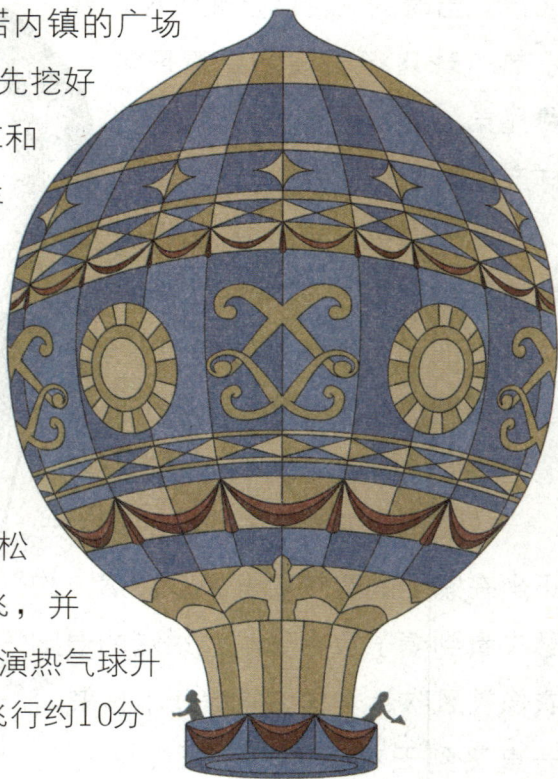

J.E. MONTGOLFIER 1799 1740
J.M. MONTGOLFIER 1810

动物参加飞行试验

　　蒙哥尔费兄弟的飞行试验惊动了法国宫廷。当时的法国国王路易十六对气球飞行很感兴趣,于是邀请兄弟俩前往凡尔赛宫进行飞行表演。兄弟俩收到这个邀请十分高兴,又开始紧张地准备起来。原先表演用的气球不幸被烧坏了,两人在4天之内又赶制了一个新气球。这个大气球高17米,直径达12.5米,装饰得非常漂亮,还配有法兰西皇家标志。为了使表演能更吸引观众,蒙哥尔费兄弟决定用这只气球把家畜送上天空。

　　1783年9月19日,凡尔赛宫广场人头攒动,好不热闹。广场中央已经堆起一座高台,台上挖有一个大坑,里面塞满羊毛、腐肉等废弃物品。蒙哥尔费兄弟点燃这些物品,给气球充气。1个

小时后，充气完毕。约瑟夫把已经准备好的一只篮子挂在了气球的下端。篮子里面有一只绵羊、一只公鸡和一只鸭子。他松开绳索，挂着篮子的热气球缓缓升起，在空中大约飞行了8分钟，最后降落在3000米以外的农田里。被气球带上天的3只家畜和家禽中，绵羊和鸭子安然无恙，只有公鸡的翅膀受了一点儿轻伤。路易十六非常满意，把圣米歇尔勋章授予蒙哥尔费兄弟，并把热气球命名为"蒙哥尔费气球"。

用热气球载人飞行

用气球将动物运上天空以后，踌躇满志的两个兄弟酝酿着更大的飞行计划：实现用热气球载人飞行。他们着手制作了更大的气球，飞行员可以在空中加燃料燃烧，从而不断补充热气，以延长飞行时间。可是当一切准备就绪时，麻烦事来了。路易十六不同意用气球载人，理由是他要对法国人民的生命负责。两兄弟也表示不放弃，最终国王做了让步，但是也只同意用死刑囚犯来做载人试验。这时候，法国科学家罗齐尔据理力争，表示第一位升空的殊荣绝不能给一个囚犯，因为在这之前蒙哥尔费兄弟已经做过小规模试验，用热气球成功地将罗齐尔送到几十米高的高空。由于罗齐尔毛遂自荐，国王答应由罗齐尔和国王的一位亲戚达尔朗德共同乘坐热气球升空。

　　1783年10月15日，热气球载人升空的试验开始了。首先由罗齐尔自己乘坐热气球上升至26米的高度，并在空中停留了4分半

钟。经过多次这样的飞行以后，11月21日，罗齐尔和达尔朗德两人联合进行了一次热气球载人飞行。

万事俱备以后，两人爬进吊篮，并挥手向观众致意。地上操作人员解开绳索，巨大的华丽的气球缓缓升起，最高升至150米，在空中飞行25分钟，飞行距离达8900千米，在巴黎近郊降落。罗齐尔和达尔朗德安然无恙地走出吊篮，周围的人爆发出欢乐的叫喊声，人类终于实现了几千年来升空的梦想。

延 伸 阅 读

热气球利用加热的空气或某些气体，如氢气或氦气的密度低于气球外的空气密度以产生浮力飞行。热气球主要通过自带的机载加热器来调整气囊中空气的温度，从而达到控制气球升降的动作。

加利福尼亚魔鬼地带

不同寻常的地方

从美国加利福尼亚的海滨城市旧金山驱车南行，大约经两小时就可以到达圣克鲁斯镇。在该镇的郊外有一个不同寻常的地方，人们称之为"魔鬼地带"。

这块地方的直径约为150米，面积17000平方米。这里有一片茂密的树林，奇怪的是这林中的树木如同遭到台风侵袭一样，都

向着同一个方向大幅度倾斜。

更为奇怪的是，有两块长0.5米、宽0.2米的石板彼此间距0.4米，看上去极其普通，却创造了神秘世界的又一奇迹。

如果一个身高1.8米的男子和一个身高1.6米的男子各自站到其中的一块石板上，这时高者显得更加高大，矮者显得更加矮小。但奇怪的是，当他们两人互换位置后，矮小的男子奇迹般地变得高大起来，而高大的男子相反又变得矮小了。人们简直不敢相信自己的眼睛，难道会有这般奇异的事情？

奇异的怪坡

在这个地方，不只是存在于地面上的东西发生倾斜，就是悬

挂在那里的一切物体也不会垂直于地面，而总是处于倾斜的状态，甚至从空中落下的物体也是倾斜地飘下。这里还有一个简陋的小木屋，进入屋内的人同样摆脱不了倾斜的命运，即使你想挺直身子，那也是不可能的。在这里，你可以在没有任何扶持的条件下站立于板壁之上，同时还可以在那里轻松行走。

这奇异的"怪坡"引起了许多专家、学者的注意，他们陆续来到这里对"怪坡"进行调查、勘测。

有的人认为是人的"视觉"产生误差而造成的。

物理学家认为，这很可能是"重力移位"现象。他们根据"万有引力"学说，认为物质结构的密度越大，则引力越强。在

坡顶端的地下，很可能有一块密度很大的巨石和空洞，引起了这种奇特的现象，但这个引起"位移"的物质至今也没有被找到。

令人迷惑的现象

在英格兰斯特拉斯克莱德的克罗伊山公路上，也有令人疑惑的现象。如果驾驶汽车在这条公路上行驶，迟早都会慢下来，甚至完全停止，令驾驶人不知所措。

从北部驶向这座小山会遇到离奇的事。司机眼看前面的道路向下倾斜，总以为车辆会加速，因而把车速降低，结果汽车"嘎"的一声完全停止。事实与表面现象相反，那条路并非下坡路，而是上坡路。

从南部来的车的驾驶人也同样会产生颠倒混乱的感觉。他们以为是向上坡行驶，于是加速，结果发现车子比预期的速度快得多，其实那条路是下坡路。

迄今尚无人能就克罗伊山这种奇异的现象做出圆满的解释。曾有人认为，那地方周围的岩石含有大量铁质，存在磁场，感应出磁力，因而产生强大的引力，将汽车"拖"上山坡。

这个说法现在已遭摒弃。有人认为，此种感觉是视觉假象，或由当地的特殊地形造成，或由于地球磁场发生局部变化。这些变化也许与人的视觉平衡感有关，因而改变了人的视觉。但每个司机都对此嗤之以鼻，因为视觉可能"假"，但车子跑起来一点儿都不"假"。

这些神秘的地带里的奇异现象完全超出了自然界的正常规

律，违反了牛顿的万有引力定律。为此，它不仅吸引了游人，更引起了许多科学家的注意。一旦破解谜底，不但意味着人类传统的重力观念的全新变革，而且必然会带来人类在实现极速星际航行方面的根本突破。

延 伸 阅 读

马鞍山"怪坡"位于安徽省马鞍山市濮塘镇，全长约150米，坡度约为35度，在这个坡段车倒爬，水倒流。在坡道下方马路中央有一金属点，在金属点往上至石碑处就是"怪坡"的主要坡段。

恐怖的"陆地百慕大"

百慕大第二

俄罗斯的贝加尔湖畔的贝加尔镇因为频频发生令人不可思议的怪事而被人们称为"百慕大第二"。

1990年，贝加尔镇接连发生十多起重大车祸，这在该镇历史上从未有过。

一位幸存的货车驾驶员说，当他驾车经过该镇时，竟莫名其妙地出现了幻觉。接着，他发现方向盘失灵，汽车被一种神奇的、无形的力量牵扯着。于是，与另一辆同样失控的轿车相撞，酿成两死一伤的惨剧。

在这一年的深秋，有一队货车经过此地，却像有人指挥似的，一起倒开了两三分钟之久。事后，驾驶员们回忆说："那2~3分钟内，人人都出现了一种相似的感觉，对自己的所作所为竟毫无知觉……"

一批美国专家接受邀请前来调查，考察队队长科尔称，他们确实已发现了30余种"怪现象"，这在全世界都是罕见的。

第239千米处的路标

并非所有的"陆地百慕大"都成为了难解之谜。

1929年夏末，德国不来梅和海文之间的新公路开通了。然而，在一年的时间内，先后有100多辆汽车因为撞向该公路第239千米处的路标而神秘地出事。

1930年9月7日，一共有9辆汽车撞向这块倒霉的路标，车毁人亡。幸存者在接受警方调查时都指出当汽车驶近第239千米处的路标时，"周身有一种极度兴奋的感觉，车身被某种强大的力量拽离路面"。

当地的一位探矿师卡尔·威尔揭开了谜底，他指出，神秘的力量来自地下泉眼所产生的强大磁场。

卡尔·威尔通过实地勘察后，在第239千米处的路标下埋下了一只装满星状小铁片的匣子。从此以后，"239千米路标"不再成为汽车撞击的"目标"，车祸也绝迹了。

地下水脉的影响

波兰华沙附近的一个三角形的公路中心也因为发生过无法统计的车祸成为"陆地百慕大"。这里发生车祸时，大多是视野开阔的晴好天气，失事司机也不是酒后驾车。

　　然而，他们一到此地便都觉得昏昏沉沉失去了自控力。经过探测后发现，原来司机是受到了地底下重叠交叉、大小不等的河流组成的地下水脉的影响所致。因为地下水脉的辐射能量要比宇宙射线强好几倍，难怪司机经受不住。神秘的"陆地百慕大"已经引起了科学家的高度重视。

延　伸　阅　读

　　在百慕大三角洲地区，已有数以百计的船只和飞机失事，数以千计的人在此丧生。从1880年至1976年，约有158次失踪事件，其中大多是发生在1949年以来的30年间，曾发生失踪事件97次，至少有2000人在此丧生或失踪。

爱达荷的死亡公路

爱达荷魔鬼三角地

在美国爱达荷州的州立公路上，离因支姆麦克蒙145千米处，有一个被司机们称为"爱达荷魔鬼三角地"的"恐怖翻车带"。当正常行驶的车辆一旦进入这一地带时，就会突然被一股人们看不见的神秘力量抛向空中，随后又被重重地摔到地上，造成车毁人亡的惨重事故。

　　一位叫威鲁特·伯克的汽车司机就是经历过这一恐怖抛车事件的幸存者，每当他回忆起那次历险都会感到心有余悸。他说："那天，天气晴朗，我所驾驶的两吨卡车一切正常。当我行驶到那个鬼地方时，汽车突然偏离了公路，'腾'地翻倒在地。"

　　据统计，在这同一地点已有17条性命被以同样的方式断送掉。人们感到奇怪的是，这段公路与别的地方的公路相比没有任何异常现象，同样是宽阔平坦的康庄大道，然而它所造成的死亡率却是其他路段的死亡率的4倍。

寻找合理的解释

　　面对这发生着许多奇特的怪事的地方，人们总想了解产生这种现象的原因，科学工作者们也试图能够做出一个合理的解释。

他们对这里进行了考察，结果认为这些现象的产生是由于地下水浸渍造成。

但人们还不了解这地下水脉有什么与众不同，它何以能够产生这种有着巨大威力的辐射呢？人们能否改变这个影响到人们正常生活的怪现象呢？这些都是科学工作者难以回答的问题。

在我国的兰州至新疆公路的430千米处，不但翻车事故频繁发生，而且翻车的原因也神秘莫测。一辆好端端的正常运行的汽车行驶到这里，有时便像飞机坠入百慕大三角洲一样，突然莫名

其妙地翻了车。这种车毁人亡的重大恶性事故每年少则发生十多起，多则二三十起，给国家和人民的生命财产造成了重大的损失。尽管司机们严加提防，但这种事故仍不断发生。

难道"430千米处"坡陡路滑、崎岖狭窄吗？都不是。"430千米处"不但道路平坦，而且视线也十分开阔。那么，如此众多的车辆在前后相差不到百米的地方接连翻车，究竟奥妙何在？

起初，有人分析可能是道路设计有问题。为此，交通部门多次改建这段公路，但翻车事故仍不断出现。

后来，也有人根据每次翻车的方向都是朝北的现象，推测"430千米处"以北可能有个大磁场。这种说法虽然有一定的道理，但没有科学根据。所以，"430千米处"成了一个中国的"魔鬼三角"，被蒙上了一层神秘的色彩。

延 伸 阅 读

在我国内蒙古鄂尔多斯境内有一处响沙湾，只要有人在沙山上活动，沙山内部就会发出轰鸣声，被当地人称为响沙湾。

最后一块神秘的大陆

神秘的大陆

南极洲被人们看作是一块神秘的大陆，因为那里有着太多的不解之谜。在南极附近航行的船员们时常发现南极洲的一些冰山呈绿色，煞是好看，至于是什么原因造成的，一直未被人揭晓。美国一位地理学教授称，这是露出水面的淡黄色生物体与蔚蓝的

大海交融，在太阳的照射下显示的绿色。相信谁也不愿意错过观赏这独一无二的奇异景观。

　　探险家们发现，在南极洲的对岸、接近印度洋之处有许多巨型冰雕，像海豚、海狮等多种动物造型。这些动物造型惟妙惟肖、栩栩如生，即使睫毛、爪子也是清晰可辨，高大的有50多米，矮小的也有20多米，在海面上四处漂浮。

　　南极动物冰雕究竟是天然形成，还是人工斧斫，目前依然是一个谜，游人尽可大胆想象。

南极臭氧空洞

　　20世纪80年代末期，科学家们发现，在南极上空的臭氧层出现了一个大洞，这就是"臭氧空洞"。臭氧是地球的"天然屏障"，虽然宛如一层轻纱，却保护人类免受太阳光中的紫外线损伤，同时还会避免引起"温室效应"，避免因此而导致海平面上升。过去，人们一直认为臭氧层的减少是工业污染和人类不注意环境保护的结果。然而，在南极洲，500万平方千米的大陆人迹罕至，何来污染？简直令人匪夷所思！

所以，苏联的一位科学院通讯院士奥杰科·奥杰科夫指出：南极上空"臭氧空洞"的出现是外星人从地球外对地球进行科学考察的结果。他还说，世界大洋平面近100年来上升了32厘米至35厘米，也是受地外文明的影响。

现在，"臭氧空洞"出现在荒无人烟的南极洲，在那里集中了地球上93%的纯净的雪和水。因此，"臭氧空洞"只能是外星人"污染"的结果。

南极洲的秘密

关于南极洲的秘密，有一个更加奇异的传闻。比利时不明飞行物研究中心的研究员埃德加·西蒙斯、本·冯·普雷恩和亨克·埃尔斯豪物等公开声称，南极洲有一些德国纳粹的基地。比利时学者说，当时德国人有3项计划：制造原子弹，开发南极洲，研制圆盘状飞船。第二次世界大战后期，德国的潜艇很可能把德国的科学家、工程师和器材运到了南极洲。

1939年，希特勒曾经把他的亲信阿尔佛雷德·里切尔派往南极进行实地考察。所以，纳粹余孽把南极洲当作基地进行了飞碟研究并不是什么谣言。西班牙的一位研究专家安东尼奥·里维拉认为："如果我们认为纳粹德国的科学家和军人确实来了南极洲，那么人们就完全有理由认为，除了货真价实的外星人的UFO以

外，南极洲很可能存在着地球人的另一种。"

美国的两位玛雅文化研究专家埃里·乌姆兰德和克雷格·乌姆兰德在《古昔追踪——玛雅文明消失之谜》一书中指出，南极洲在过去并非全部被冰层覆盖，曾经是"适于人类生存"的地方，因此成为神秘的玛雅人在地球上生活的第一个基地。

在南极洲的冰层下，"可能还遗留着他们所用的器材"，"甚至还会找到玛雅人的遗体"。这也许可以解释，即使在20世纪50年代冷战时期，美国和苏联依然携手对南极洲进行科学考察。而且，玛雅人或其他"史前文明人"似乎今天仍然生活在南极洲厚厚的冰层下面。

1929年，美国海军上将、著名的飞行家、探险家理查·拜德有过一次难忘的南极飞行，并在飞机上做过一次令人难以置信的飞行广播。拜德将军说，他穿过朦胧的光雾后，进入一个布满不冻湖的绿色地带的上空，在"草原"上，有一种像美国野牛似的

巨兽，一些别的动物和类似"人"的生物。当听众们津津有味地收听时，广播突然中断，有关方面声称，拜德将军的广播报告是在精神暂时过度疲劳和有幻觉的情况下进行的。事后，有关此次南极探险的经历和报道的"内幕"均没有被公开，当事人也没有做任何解释。

延 伸 阅 读

　　南极洲是人类最后到达的大陆，也叫"第七大陆"。位于地球最南端，土地几乎都在南极圈内，四周毗邻太平洋、印度洋和大西洋。是世界上地理纬度最高的一个洲，同时也是跨经度最多的一个大洲。

离奇古怪的死神岛

孤零零的沙岛

在距北美洲北半部加拿大东部的哈利法克斯约100千米的汹涌澎湃的北大西洋上，有一座令船员们心惊胆战的孤零零的小岛，名叫塞布尔岛。"塞布尔"一词在法国语言中的意思是"沙"，意即"沙岛"。这个名称最初是由法国船员们给它取的。这就是在西方广泛流传的"死神岛"，还有许多离奇古怪的神话传说令人听而生畏。死神岛给船员们带来的巨大灾难，促使科学家们去努力探索它的奥秘。

为了解释船舶沉没的原因，不少学者提出了种种假设和论断。有的认为，由于死神岛附近海域常常掀起威力无比的巨浪，能够击沉猝不及防的船舶；有的认为，死神岛的磁场迥异于其邻近海面，并且变幻无常，这样就会使航行于死神岛附近海域的船舶上的导航罗盘等仪器失灵。然而，更令人称奇的要数距"上帝的圣潭"仅40千米的巴罗莫角，这个锥形半岛被人们称为"死亡之角"。

岛上的死亡事件

20世纪初，因纽特人亚科孙父子前往帕尔斯奇湖西北部捕捉北极熊。当时那里已经天寒地冻，小亚科孙首先看见了巴罗莫角，又看见一头北极熊蠢笨地从冰上爬到岛上，小亚科孙高兴极了，抢先向小岛跑去。父亲见儿子跑了，紧紧跟在后面也向岛上跑去。哪知小亚科孙刚一上岛便大声叫喊，叫父亲不要上岛。

亚科孙感到很纳闷儿，不知道发生了什么事情，但他从儿子

的语气中感到了恐惧和危险。他以为岛上有凶猛的野兽或者有土著居民，所以不敢贸然上岛。他等了许久，仍不见儿子出来，便跑回去搬救兵，一会儿就找来了6个身强力壮的中青年人，只有一个叫巴罗莫的没有上岛，其余的人全部上岛去寻找小亚科孙了，只是上岛找人的人全找得没了影儿，从此消失了。巴罗莫独自一人回去了，他遭到了包括死者家属在内的所有的人的指责和唾骂。从此人们将这个死亡之角称为"巴罗莫岛"，再也没有人敢去该岛了。

探险者的悲剧

1934年7月的一天，有几个手持枪支的法裔加拿大人立志要勇闯夺命岛，他们又一次登上巴罗莫岛，准备探寻个究竟。他们在因纽特人的注视下上了岛，随后听到几声惨叫，这几个法裔加拿大人像变戏法一样被"蒸发"掉了。这一场悲剧引起了帕尔斯奇

湖地区土著移民的极度恐慌，有人干脆迁往他乡去了。没有搬走的人发现，只要不进入巴罗莫岛，就不会有危险。

再次向死亡角进发

1972年，美国职业拳击家特雷霍特、探险家诺克斯维尔以及默里迪恩拉夫妇共4人前往巴罗莫岛，诺克斯维尔坚信，没有他不敢去的地方，没有解不开的谜。

于是在这年4月4日，他们来到了死亡岛的陆地边缘地带，并且在此驻扎了10天，目的是观察岛上的动静。默里迪恩拉夫人是爱达华州有名的电视台节目主持人。她拍摄了许多岛上的照片，从上面可以看见许多兔子、鼠、松鸡等动物，而且岛上树木丛生，郁郁葱葱，丝毫看不出它的凶险之处。因此，诺克斯维尔认为死亡岛一定是当地居民杜撰出来或是他们的图腾与禁忌而已。4月14日，他们开始小心地向死亡岛进发，以免遭受不必要的威胁。拳击手特雷霍特第一个走进巴罗莫岛，诺克斯维尔走在第二位，默里迪恩拉夫人走在第三位，他们呈纵队形每人间隔1.5米左右，慢慢深入腹地。一路上他们小心翼翼，走了不久就看见了路上的一具白骨。

默里迪恩拉夫人后来回忆说："诺克斯维尔叫了一声'这里有白骨'，我一听，就站住了，不由自主地向后退了两步，我看见他蹲下去观察白骨。而走在最前面的特雷霍特转身想返回看个究竟，却莫名其妙地站着不动了，并且惊慌地叫道：'快拉我一把！'而诺克斯维尔也大叫起来：'你们快离开这里，我站不起来了，这地方好像有个磁场'！"

默里迪恩拉说："那里就像科幻片中的黑洞一样，将特雷霍特紧紧地吸住了，无法挣脱。后来我就看见特雷霍特已经变了一个人，他的面部肌肉在萎缩，他张开嘴，却发不出任何声音，后来我才发现他的面部肌肉不是在萎缩，而是在消失。不到10分钟，他就仅剩下一张被皮蒙上的骷髅了，那情景真是令人毛骨悚然。没多久，他的皮肤也随之消失了。""奇怪的是，在他的脸

上、骨骼上看不见红色的东西，就像被传说中的吸血鬼吸尽了血肉一样，然而他还是站立着的。诺克斯维尔也遭到了同样的命运。我觉得这是一种移动的引力，也许会消失，也许会延伸，因此，我拉着妻子逃了出来。"从此，死亡岛便无人问津。

延 伸 阅 读

1980年4月，美国著名探险家组织对磁场进行鉴定。科学家认为，巴罗莫岛与世界上其他几个死亡谷极为相似。在这个地带生活着各种动物、植物，而一旦人进入，就必死无疑。

橡树岛寻宝记

发现宝藏初次挖掘

橡树岛，又名奥克岛，是位于加拿大东部的一个极小的小岛，大约1200米长，最宽的地方为800米，总共也就是一个中型体育场那么大。这个名字的来源，是岛上生长着一棵很大的橡树。1795年，有三位年轻的猎人驾着船来到这个荒凉的小岛。他们一下船便深入到岛上的橡树林中。

　　他们在密密的橡树林中穿行，没找到野兽，却发现了一棵十分古怪的大树。在这棵大树离地面3米多高的地方，有根粗树枝被锯掉了许多，残树枝的上半部被划出几道深深的刀痕。接着他们又注意到，这根树枝的下方地面有些下陷，很像曾经埋过什么东西的样子。三位猎人感到十分惊讶，于是立即测量了下陷的部位，发现它基本上是圆形，直径约4米。

　　这一发现使他们立刻想到，可能是海盗在这儿埋下了宝藏。三位猎手感到无比兴奋，他们立即开船返程，回去准备一套挖掘工具，再次来岛掘宝。然而，他们总共挖地9米深，除了发现3层木板外，连宝藏的影子也没看见。

10年后的探宝行动

　　10年以后，一位年轻的医生对橡树岛之谜产生了浓厚的兴趣。他组织了一个探宝队，动用了大批人力和机械，经过大约两年的苦干,将那个洞穴挖进了27米深。这中间每隔3米都有一层木板,直至27米深时,人们才发现了一块非同寻常的大石头,上面刻着许多稀奇古怪的象形文字,但没有一个人看得懂。

这个新发现使人们坚信,挖出宝藏的时候快到了。探宝队决定趁冬季来临之前加紧挖掘,可是到第二天,一场大祸从天而降,因为深洞中突然灌进了足足15米深的水,根本无法工作。探宝队并不因此而泄气,在第一个深坑旁边再挖一个洞,挖至30米深后,再挖一条地道通向原先那个坑。这时候,不知从何处来的大水立即涌进新坑,使这项工程不得不中止下来。

无休止的探宝行动

1850年,又有一个新的探宝队企图找到橡树岛上的宝藏。他们运来了大型钻机,在原先的第一个坑里,一直钻至30米深,结

果发现一条金表链和3个断裂的链环。操纵钻机的工人宣称，他感到钻头仿佛在一大块金属之中旋转。如果真是这样，钻头接触到的物体会不会是一只巨大的藏宝箱呢？没人说得准。然而冬天来了，他们只得停工。

第二年春天，大家回到岛上，准备让宝藏重见天日。在离原坑大约一米的地方，他们又挖了一个新坑，到夏天结束之前，这坑已挖掘至33米深，而且有人感觉到下面有大块的金属。正当大家确信胜利在望时，历史又重演了以往的一幕，大水突然灌进新坑，坑里的工人差一点儿被淹死。由于抽水工作毫无效果，人们不禁开始纳闷，这神秘的水究竟来自何方？经过一番搜索，他们发现，海滩上有一条巧夺天工的地道，从大西洋直接通往藏宝

坑。当然，谁都无法把大西洋的水抽干。于是人们试图造一座大坝来挡住海水，可建造费用太昂贵，结果没有成功。

后来，其他寻宝者来到岛上，又挖了许许多多的坑，弄得这一带面目全非，看上去简直像一个原子弹试验的场景。尽管人们作出了巨大的努力，可谁也无法克服守护宝藏秘密的人设下的人为障碍。

1893年，又有一支寻宝队来岛继续发掘工作。人们在原来的坑里再往下钻了45米，掘出了一些水泥般的东西，上面则又是一层木板。更令人惊异的是，钻机还带上来一张用墨书写的羊皮纸。兴奋不已的探宝者加紧工作，就在这时，他们又发现了一

个海水入口，海水再次把深坑淹没，寻宝工程又以失败而告终。

从18世纪麦坚尼发现这个藏宝洞到20世纪初，探索橡树岛宝藏的历史已长达将近两个世纪，但海盗基德的幽魂及他的藏宝洞却一直在和寻宝者们捉迷藏。

延伸阅读

这里需要解释的是，由于橡树岛的宝藏太富盛名，加拿大新斯科舍省的《寻宝法》规定：一旦寻宝人在橡树岛上找到了财富，加拿大政府有权分享其中的10％或相当于10％的金钱。为此，寻宝者也需要获得加拿大政府颁发的"寻宝执照"。

第一个到达北极点的人

第一次冲刺北极的失败

1908年，皮亚里发起了他的第三次，也是最后一次向北极的冲击，当时他已经50岁了。皮亚里的主要目的不仅是增强探险北极所需要的体力和御寒的能力，也是为了确定探险队的规模和出发点。皮亚里曾经两次横穿格陵兰岛并发现了格陵兰岛最北端的土地，这片土地后来被称为"皮亚里地"。它最北端的突出部分被皮亚里命名为"莫里斯·杰塞普尔角岛"，这是一个美国老板的名字。

　　在远征中，皮亚里意识到，几个人的探险队比大规模的探险队更适合突进性的探险；同时他也发现，格陵兰附近洋流太快，并不适合作为北极探险的起点，于是皮亚里把起点转移到了北美的最北端地区。

　　皮亚里第一次试探性航行曾经到达埃尔斯米尔岛最北端的"哥伦比亚角"，计划把这里作为奔赴北极的大本营。皮亚里先派先遣队去打探道路，并把食物送到指定地点，以减轻主力部队冲刺北极时的负担。然而，由于经验不足和体力不济等原因，探险队第一次冲刺北极的计划失败了。

向北极的第二次冲击

　　1905年，皮亚里从纽约出发，开始了向北极的第二次冲击。较之第一次，这支探险队中多了很多因纽特人。因纽特人是北极的当地居民，皮亚里雇用他们加入探险队伍，主要是考虑到因纽特人对北极生活比较熟悉，肯定会对探险起到帮助，在危险时甚至可以帮助自己求生。

经过漫长的旅程，皮亚里再次来到了哥伦比亚角，又向北行驶150千米，到达了赫拉克角。同第一次一样，皮亚里开始在这里建立大本营，并派出因纽特人作为先遣队开拓道路，沿途建造食物补给站。当主力队员开始向北极冲刺时，气温已降至零下50摄氏度左右。虽然冬季里浮冰不易融化，可是冰却不是静止的。在彼此的冲撞中，这些浮冰变得坑坑洼洼，严重影响了探险队的冲刺速度。皮亚里做了估算，以他们当时一天行进8000米的速度，在到达北极点前食物早就吃光了。无奈之下，皮亚里下了南撤的命令。第二次冲击又遗憾地失败了。

第三次冲击

1908年6月，不甘失败的皮亚里驶离纽约港，向北极点发起第三次冲击，老罗斯福总统亲自为他送行。正是这一次冲击成就了皮亚里，使他成为第一个登上北极点的人。

这一次的准备工作较前两次更为充分：由所有的赞助商组成的"皮亚里北极俱乐部"，解决了资金问题上的后顾之忧；探险队伍中包括船长、医生、秘书、助手、领路的因纽特人，分工明确，各负其责。

1909年2月，探险队第三次到达哥伦比亚角，皮亚里开始在这里建立大本营，为冲刺做最后的准备。

最先从大本营出发的是由英国人巴多列特率领的救援队，他们每隔一段距离便驻留几个人，建立了皮亚里冲刺北极的补给站。随后，皮亚里带领探险队主力共24人，踏上了远征北极点的路程。刚出发不久，他们便被一条"河流"挡住了去路。这是冰层的裂缝，"河流"里的水是从裂缝中冒出的。幸好第二天水路已经结冰，他们才摇摇晃晃地穿过了裂缝。不久又遇到了同样的情况，这次逗留了6天，直至水路冻结，他们才继续前进。

完美实现极点探险

3月底，探险主力已经经过了所有的补给站，剩下的路程只有

依靠自己的力量了。4月1日，皮亚里选定黑人助手马特和亨森以及4个因纽特人，开始向北极做最后的冲刺，这时距离北极点只有214千米了。

4月5日，探险队已经到达距离北极点只有9000米的地点，前面又出现了一条河流。这一次，他们没有等待河流的冻结，而是取附近的冰块凿成舟，乘坐"冰舟"渡过了河。艰苦的工作使大家筋疲力尽，但是，北极点已经近在咫尺，对胜利的渴望支撑他们走完了最后一段路程。

1909年4月6日，皮亚里的双脚终于踏上了北极点，并在附近停留了约30个小时。他在极点与同伴合影留念，并升起了妻子为他缝制的美国国旗。

接着，皮亚里的探险队开始向南返回，由于是轻车熟路，沿途又有补给站的接济，他们非常顺利地于4月23日回到了大本营——哥伦比亚角。

　　至此，在北极附近，东北航线、西北航线、极点均已被打通，人类对北极的地形和轮廓有了全面的了解，确信了地球的"顶部"没有陆地，只有深深的海洋。人类300多年的极点探险计划完美地实现了。

延 伸 阅 读

　　北极点是指地球自转轴穿过地心与地球表面相交，并指向北极星附近的交点。若站在极点之上，"上北下南左西右东"的地理常识便不再管用。你的前后左右都是朝着南方。你只需原地转一圈，便可自豪地宣称自己已经"环地球一周"。只有用仪器，才能精密地确定北极点的准确位置。

雪山飞人巴莱鲁斯

富有冒险精神的滑雪家

有着100多次高山陡坡滑雪纪录，曾经滑越包括令人生畏的埃格尔峰、塞维诺峰、白朗峰的东北坡、大贝奈尔山的北坡，以及喜马拉雅山的马卡露西坡在内的巴莱鲁斯，被世界公认为最富有冒险精神的滑雪家。不过，在他所有的冒险经历中，最精彩、最危险的一次壮举是从阿尔卑斯山脉的萨索隆哥山飞泻而下。

1986年5月1日凌晨3时，浓重的黑幕笼罩着大地，巴莱鲁

斯被一阵清脆的闹钟铃声从梦中惊醒。今天，是他去征服萨索隆哥山的日子，他已经盼望很久了。他在黑暗中从床上一跃而起，匆匆地穿好衣服，背起沉重的登山滑雪装备，其中有两米长的雪橇、雪杖、登山皮靴、靴钉、冰斧和一个塞满其他登山用具的背包。

他在离开时说："只有我在日落时还没回家，才可以对外请求救援。"

汽车朝着寒拉山隘进发，穿过这个海拔2240米的山隘，开始驶下布满急转弯的窄路。几个小时后，在淡淡的黎明的微光中，一个巨大、模糊的轮廓出现在眼前，那就是萨索隆哥山。

海拔3181米的萨索隆哥山全部由白云岩构成，远远看去，犹如一个尖形模样的庞然大物，尤其是东北坡更是令人望而生畏，一道不平的石壁足有1600米高，突出的岩石和积雪散乱交错在一起。

这座山在意大利的攀山等级中被列为最高级，有人曾做过调查，在100万人之中，最多只有一个人会考虑去攀登它。而巴莱鲁斯不仅仅要登上峰顶，更令人难以置信的是还要从峰顶滑雪而下。

挑战萨索隆哥山

早上6时，巴莱鲁斯背着沉重的装备匆匆上路了。黎明的光线还很昏暗，在这空寂无人的雪山中，巴莱鲁斯独自一人像幽灵似的穿过一片高原，然后迂回曲折，爬越过无数岩石。他选择直上峰顶的路线。坚持这样一个原则，那就是向上攀登时必须有几乎不可能想象到的难度。否则，即使下来也感到毫无意义。

当然，什么叫不可能？并没明确的答案，用巴莱鲁斯的话说："可能与不可能的区别不在于山坡的表面陡度，而在于自己的头脑和体力。尽管面对的山壁也许看来光溜溜的，

但总会有一个或两个可攀附的地方，只要你具备足够的经验、体力和勇气去寻找。"

5年前，巴莱鲁斯就曾梦想滑下萨索隆哥山东北坡，并为此而仔细察看了地形。山坡左边是一个几百米的峭壁，右边是无数的石灰岩柱，中间有两条拉长的S形白线。那是两条陡峭无比的峡谷，峡谷中间有无数冰雪不顾地心引力，附着在峡谷两壁，从那两条悬空的雪线上滑行危险异常，一失足就必死无疑。

对巴莱鲁斯而言，那白色的雪线就是一个梦想的开始，一个准备用生命作为赌注来实现的梦想。

当巴莱鲁斯被问及为什么要去冒这样巨大的风险时，他回答说："我之所以这样，就像一些人立志要绘一幅举世杰作，或者独自扬帆环绕地球一样，我也想展示我的天赋，把它运用到没有人敢去的地方。其实，在我们每个人的心里都有一支特别的歌曲，唱出这支歌曲，便是展露了人生的真谛。如果一个人抑制内

心的曲调，简直生不如死。对于我，死亡固然令人可怕，但虚度此生则更令我害怕。"

此时此刻，巴莱鲁斯的梦想就要实现了，他显得非常激动，开始攀登。越接近顶峰，攀登便越困难，积雪填塞了所有裂缝和空隙，以致攀登点非常难找。但是，他经过了7小时的努力，萨索隆哥山顶已经触手可及了。

成功跨上了峰顶

14时，他终于登上了峰顶。那是一堆带有红色斑点的白岩石。天公作美，晴朗的天空一片深蓝，在和煦的阳光下，雪层将变得比较松软。这样，下滑时积雪容易在岩石上形成一层软垫，有利于高速滑行。

时间不容浪费，巴莱鲁斯匆匆地往嘴里塞了几块干粮后，立即检查所有的装备。一切已经准备就绪，他沿着一条异常陡峭的雪沟，开始了惊险异常的急速下滑。由于速度太快，扑面而来的冷气流像刀割一般。然而，此刻的巴莱鲁斯根本顾不上这些，只

是两眼紧张地注视着前方。突然，前方的斜坡猛地下削，毫无疑问，斜坡的尽头处一定是个悬崖，霎那间，他的视野全被天空包围了。

巴莱鲁斯下滑的速度越来越快，离悬崖只有10米远了。这时，他看清崖下的正前方是高低不平的岩石区，假如笔直冲下去肯定会粉身碎骨，只有右边显得比较平坦，雪层也较厚。然而，不管崖壁下的情况怎么样，带着巨大的惯性从悬崖上冲下，其危险的程度是可想而知的。

这很可能是巴莱鲁斯的最后一次滑雪。这位勇敢的险坡滑雪家到了眼下的生死关头反而十分镇定。因为他身上有一种独特的气质，那就是善于在自我对抗时取胜，而不善于与别人对抗。比如他的滑雪技术足以达到世界超一流的水平，但他从未在滑雪大赛中拿到奖杯。

有时候，他在选拔测验时表

现得十分出色，但到了正式对抗的比赛中却一败涂地。一次又一次的失败使巴莱鲁斯了解到，他永远不可能成为一名优秀的滑雪比赛选手，若想出人头地，就必须选择别的途径。从此以后，险坡滑雪便成了他终生为之奋斗的项目。

在梦境中飞翔

说时迟，那时快，就在滑下悬崖前的瞬间，巴莱鲁斯猛地将雪橇向右急转，改变了前冲的方向。大约半秒钟之后，巴莱鲁斯已经飞过了悬崖，这时，他犹如坠入到一个无穷无尽的空间，不仅没有任何恐惧，反而感到自由奔放，心中涌起一股难以表达的喜悦。他的思想和动作已合二为一，自己的身体仿佛变成了高山和天空的一部分，就像在梦境中飞翔一样。

当然，这不是梦，这是实实在在的飞行。当身子快要着陆时，巴莱鲁斯收起了幻想的翅膀，回到了现实之中，竭力使自己保持平衡。

他的每一根神经都绷紧到了极点，因为一旦失去平衡，落地

时将带来不可挽回的灾难。幸好，灾难没有发生，雪橇落下时，带着与积雪尖利的摩擦声，下坠力化为前冲力，使巴莱鲁斯死里逃生，继续向前滑去。

巴莱鲁斯正沿着雪沟下滑，蓦地，附近传来一阵震耳欲聋的轰隆声。巴莱鲁斯凭借着丰富的经验，知道可怕的雪崩发生了，前方的征途将充满危险。

他用力撑动雪杖，尽量加快速度，同时警惕地观察四周的动静。山顶上的大雪块不停地向下崩落，稍不注意就有可能被埋葬在深雪中。当巴莱鲁斯穿过一条狭窄的山峡时，头顶响起了令人恐惧的雪块的摩擦声。

他抬头一看，不禁倒吸一口冷气，右上方的积雪已出现一条条大裂缝，小山似的大雪块缓缓向下移动，几分钟，甚至几秒钟内就可能坠落，巴莱鲁斯如果不在最短的时间内冲出山峡危险区，必将葬身于雪中。

巴莱鲁斯使出了全部的生命潜力，拼命滑行，就在他刚刚离开危险区边缘时，身后传来了一连串天崩地裂的巨响，犹如一幢高楼突然倒塌，大块的积雪带着怒吼直泻而下，卷扬起漫天的雪雾。巴莱鲁斯回头一看，刚才还是好端端的一条山峡，现在已被积雪全部填满，值得庆幸的是他先到一步，他现在已置身其外，仅仅被碎雪洒了满头满脸，经过几分钟的紧张之后，他终于松了口气。

成功征服大山

向前望去，前面的山坡比较开阔，但有不少参差不齐的岩石突起，成了笔直向前滑的障碍。巴莱鲁斯不愧是滑雪高手，只见他左旋右回，在岩石障碍中优美地进行着曲线滑行，最危险的路程已经过去，现在每绕过一块突起的岩石，每下降1米，就离成

功近了一步。

在大功即将告成之际，也就是离山脚还有200米的地方，巴莱鲁斯遇到了最后的考验。那是一段倾斜约60度的坚厚冰墙，根本无法从如此陡峭的地方下滑。巴莱鲁斯权衡再三，决定放弃毫无希望的冒险，最后，借助于绳索滑下山脚。

17时，巴莱鲁斯站在山脚下，久久地仰望这座庞然大物，连他自己都不敢相信，这座看似不可能征服的大山竟被自己征服了。虽然梦想已成为现实，但他并没有兴奋得忘乎所以，因为他的脑海中又在酝酿新的计划，在考虑如何去实现下一个梦想。

延 伸 阅 读

雪崩是一种所有雪山都会有的地表冰雪迁移过程，它们不停地从山体高处借重力作用顺山坡向山下崩塌，崩塌时速度可以达20米/秒，随着雪体的不断下降，速度也会突飞猛涨，一般12级的风速度为20米/秒，而雪崩将达到97米/秒，速度可谓极快。

麦田怪圈是怎么回事

谁最早发现麦田怪圈

1647年，英格兰是最早出现麦田怪圈的地方，当时人们还不知道这是怎么一回事，并在怪圈中做了一幅雕刻。这幅雕刻是当时人们对麦田怪圈成因的推测，当时的麦田圈是呈逆时针方向的。

麦田怪圈常常在春天和夏天出现，遍及全世界，美国、澳大利亚、欧洲、南美、亚洲，无处不在。

自20世纪80年代初期以来，已经有2000多个这种圆圈出现在世界各地的农田里，使科学家和大批自命为"农田怪圈专家"

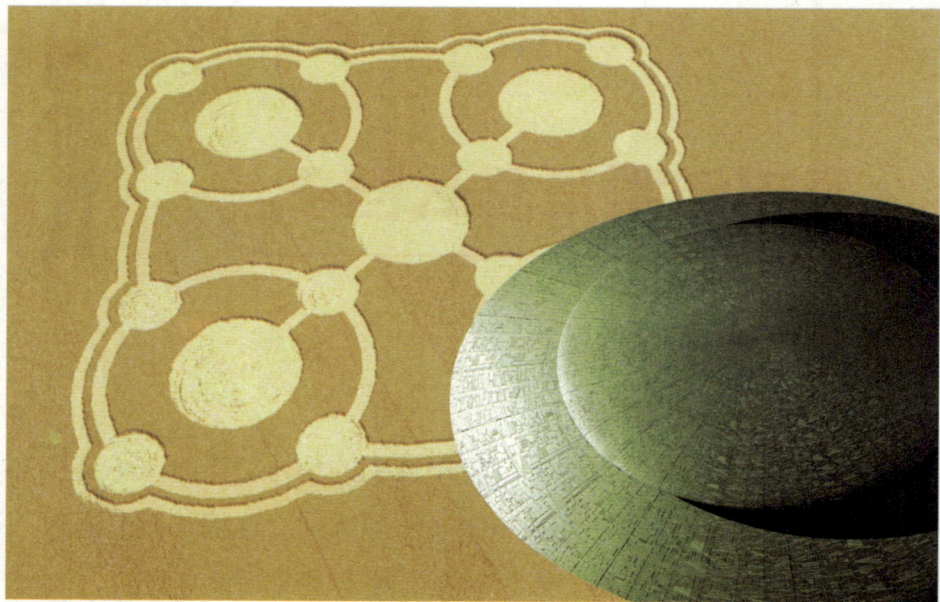

的人大惑不解。

起先这些圆圈几乎只在英国威德郡和汉普郡出现，但近年来，在英国许多地区以及加拿大、日本等十多个国家也有人发现了这种圆圈。

1983年，科林·艾爵斯成立了"国际圆圈现象研究中心"。该中心发现，在麦田里出现的怪圈正在以一个圈的现象慢慢进化成两个或者3个相对称的图形。1994年，还出现了蝎子、蜜蜂和花等图形。

麦田怪圈不断被发现

1990年5月，英国汉普郡艾斯顿镇的一块麦田上出现了一个直径为20米的圆圈，圈中的小麦形成顺时针方向的螺旋图案。在它的周围另有4个直径为6米的"卫星"。

1991年7月17日，英国一名直升机驾驶员在飞越史温顿市附近的巴布里城堡下的麦田时，赫然发现麦田上有个等边三角形，三角形内有个双边大圈。另外，每一个角上又各有一个小圈。

1991年7月30日，威德郡洛克列治镇附近的一片农田出现了一个怪异的鱼形图案。在接下来的一个月内，另有7个类似的图案在该区出现。

最令世人震惊的是1990年7月12日在英国威德郡的一个名叫阿尔顿巴尼斯的小村庄发现的农田怪圈。有10000多人参观了这个农田怪圈，其中包括多名科学家。

这个巨大的图形长120米，由圆圈和爪状附属图形组成，几名天体物理学家参观后，他们认为这个怪圈绝对不是人为的，很可能是来自天外的信息。

科学家进行实地探测

1991年6月4日，以迈克·卡利和大卫·摩根斯敦为首的6名

科学家组成了一个探测队,他们守候在英国威德郡迪韦塞斯镇附近的摩根山的山顶上的指挥站里,注视着一排电视屏幕,满怀期望地希望能记录到一个从未有人记录到的过程:农田怪圈的形成经过。

他们装备了总价值达10万英镑的高科技夜间观察仪器、录像机以及定向传声器。一具装在21米长支臂上的"天杆式"电视摄影机使他们可以有广阔的视野。

他们之所以选择侦察这个地区,是因为这一带早已成为其他研究农田怪圈人员的研究对象。仅仅几个月内,这一带就频繁出现了十多个大小不一的农田怪圈,引起了研究人员的浓厚兴趣。

他们在这里等待了20多天,在屏幕上什么不寻常的东西都没有看到。到了6月29日清晨,一团浓雾降落在研究人员正在监视

的那片麦田的正上方。虽然看不见雾里有什么，但摄影机却没有关闭。

早上6时，雾开始消散，麦田上赫然出现了两个奇异的圆圈。这令几位研究人员大为惊愕，他们立即跑下山来仔细观察，发现在两个圆圈里面的小麦完全被压平了，并且成为完全是顺时针方向的旋涡形状。麦秆虽然弯了，但没有折断，圆圈外的小麦则丝毫未受影响。

探测队还在麦田的边缘藏了几具超敏感的动作探测器，只要有任何东西一经过它们的红外线，都会触动警报器。警报器整夜都没有响过，说明这个圆圈绝不是有人来弄虚作假的。而且在麦田泥泞的地上，没有任何脚印或其他能显示曾有人进入麦田的迹象。录像带和录音带没有录到任何线索，那两个圆圈似乎来历不明。

农田怪圈究竟来自何方

人造说。有相当一部分人认为，麦田怪圈只是某些人的恶作剧。英国科学家安德鲁经过长达17年的调查研究认为，麦田怪圈有80%属于人为制造。

英国人马特·里德利曾坦白，他和一些朋友就是伦敦麦田怪圈的制造者。他说他们事先设计好图案，在麦子快成熟的时候，用一根长钉揳在麦田里，以钉子为中心，用绳子贴着地面转一圈，一个麦田怪圈就出现了。

磁场说。麦田怪圈中有一部分已被排除是人为的可能性。因为它们复杂的构图、庞大的规模、精巧的设计，绝非人力一夜之间就可以造出的。

英国科学家安德鲁虽然坚称80%的麦田怪圈是人造的，但他也相信，其余20%的怪圈是因地球磁场的作用而天然形成的。磁场中有一种神奇的移动力，可以产生一股电流，使农作物"平躺"在

地面上。

美国专家杰弗里·威尔孙研究了130多个麦田怪圈，发现90%的怪圈附近都有连接高压电线的变压器，方圆270米内都有一个水池。

由于接受灌溉，麦田底部的土壤释放出的离子会产生负电，与高压电线相连的变压器产生正电，负电和正电碰撞后会产生电磁能，从而击倒小麦形成怪圈。

龙卷风说。美国密歇根大学大气物理学家特伦斯·米顿博士认为，夏季天气变化无常，龙卷风是造成怪圈的主要原因。他通过研究发现，很多麦田怪圈出现在山边或离山边六七千米的地方，这种地方是很容易形成龙卷风的。

外星制造说。很多人相信，麦田怪圈大多是在一夜之间形成的，很可能是外星人的杰作。早在1990年，摄影家亚历山大就说，他在麦田里发现了奇怪的光，光在两个怪圈之间飞来飞去。

异端说。一些人相信，麦田怪圈背后有种神秘的力量，就像百慕大三角一样。根据这种猜测，就有人把麦田怪圈说成是"灾难预告"，借以散布异端邪说。

目前，全世界有不少科学家在从事麦田怪圈的研究，关于它们的成因也是众说纷纭，到目前为止尚无定论。相信随着人类社会的进步和科学的发展，我们终有一天会彻底弄清这个未解之谜。

延 伸 阅 读

2001年8月，出现在英国白马山附近的一个巨大的麦田圈让很多人不得不相信，它绝不是人造的。这个麦田怪圈范围很广，走到中间要30分钟，一共由409个圆组成。

探险途中的离奇死亡

余纯顺倒在计划周密的探险中

我国孤身徒步旅行家余纯顺在 8 年多的徒步中国之行中，不知遇到过多少回生死考验。

让人们感到最不可思议的是：历尽千难万险之后，九死一生的余纯顺居然会倒在一次事先计划极为周密的探险之中。

　　1996年5月，余纯顺赴罗布泊所属的巴音郭楞蒙古自治州首府库尔勒。10天后，上海电视台的摄制组也赶到了，准备实地拍摄他的探险行踪。应该说，这一次行动比他以往任何一次都要准备充分。当地旅游局派出向导和车队陪同他和摄制组先去罗布泊熟悉了要走的路线。由他本人每隔7000米预先埋下6瓶矿泉水和一些食物，并在探险全程中设了两个宿营地。

　　当余纯顺独自一人背负行囊，向地面温度高达68度至70度的罗布泊纵深地域走去的时候，他依然像往常一样平静乐观。谁也没有想到第二天一早他刚走出罗布泊西岸就倒下了。

　　在他失踪6天后，负责搜寻的直升机在罗布泊一个土丘的阴凉处发现了他的遗体。在一顶已倾倒的蓝色帐篷里，余纯顺呈一个大写的"人"字躺着，头向着故乡上海，面色安详。他死时仿佛还在走路，两手握拳，左腿向前，呈现出活生生的走路姿势。

　　多方权威人士综合分析，余纯顺因高温、高寒而发烧，全身无力，缺氧而死。

尧茂书命送通珈峡

在众多漂流长江、漂流黄河的壮举中，尧茂书的"第一漂"无疑起到了里程碑的作用。

在经过长达6年的资料准备和体能锻炼之后，尧茂书立志要为中国人争气，要成为第一个在中华大地上奔腾了千万年的长江漂流的人。于是在1985年5月，他坐车向长江的源头格拉丹东雪山进发。在长江的源头沱沱河，他遇到过凶猛的棕熊袭击，吃不上蔬菜，喝不上干净的饮用水；而波涛汹涌的通天河大浪滔天，险恶异常；曲折蛇行的峡谷，湍急汹涌的江水，时时有折桨覆舟的危险。

尧茂书白天与几米高的巨浪搏斗，夜晚停泊岸边时手持藏刀与狼群相持，在环境险恶的长江上源地区，每天他都走在死亡的边缘。

　　"敢为天下先"的尧茂书最终魂断金沙江的通珈峡。这是一道令人闻之色变的恶峡，江岸边的山形如刀削，全峡约80米长，最窄处涨水时也不过三四十米宽。直下的水流猛烈撞击横亘江中的一块20米高的巨石，水声如雷，折转的江水形成一个可怕的大旋涡。

　　尧茂书进入金沙江的第二天下午，在距通珈峡下游2 000米的巴塘乡相占村的江面上，当地居民发现距河岸5米处有一红色橡皮筏倒扣在江中一块石头上，皮筏下方10米多处有一个红色的人形漂浮物在水中一起一伏，上有帽子，下有靴子。等人们打捞时，人形漂浮物已经被冲走，在打捞上来的橡皮筏中有尧茂书的相机、笔记本、猎枪和证件。

　　据专家分析，在进入通珈峡前后，尧茂书因密闭式救生衣不

散热，很可能已经中暑，在这种情况下控制船的能力较低。橡皮筏在进入通珈峡后直冲巨石，撞后翻船，旋涡推着人、船一起旋转，而那件肥大的救生衣则将他的身躯按在水中，使其在激浪中窒息而死。

十七勇士魂断梅里雪山

梅里雪山是怒山山脉的主峰，其最高峰卡瓦格博峰海拔6740米，是云南省的第一高峰。

1990年年底至1991年年初，梅里雪山登山队实施第五次攀登，17名登山好手集结在海拔5300米的3号营地，在摩拳擦掌准备冲刺顶峰时，却在一夜之间全部神秘失踪，造成我国登山史上最大的一次遇难事件，也是世界登山史上空前的大悲剧。人们推测是夜间发生了大雪崩，坠落的冰雪把3号营地及17条人命一口吞噬了。梅里雪山攀登路线长，气候极不稳定，地形也很复杂，

多冰崩、雪崩区，甚至有人认为，梅里雪山的攀登难度要超过珠穆朗玛峰。

探险者去探险，是为了探索自然之谜和人生之谜。而他们壮志未酬中途折翼，又给后人留下了新的谜……

延 伸 阅 读

1996年12月，中日梅里雪山联合登山队第三次攀登。12月2日，日本方面预报4日至6日梅里雪山有大降雪，中央气象台和云南气象台也证实了此预报，为避免再度发生1991年的惨剧，队伍被迫下撤，12月8日撤营。自此，国家明令禁止攀登梅里雪山。

闻名遐迩的探险事例

发现佛罗里达

曾经有一个传说，有一眼泉水叫作"不老泉"，第一个尝到不老泉的人将得到财富、名誉和再次年轻的机会。但问题是没有人知道这传说中的泉水到底在哪里。

1513年，西班牙探险家庞斯·德·利昂从南美洲起航，一直行驶到土耳其岛和圣·萨瓦多岛也没有找到不老泉。虽然庞斯没有找到不老泉，但是，作为第一个踏上这片土地的人，并将这里命名为"佛罗里达"，他的确获得了财富和名誉。

最早考察中国的人

在中世纪，当其他小伙伴还沉迷于弹子游戏

时，马可·波罗的父亲和叔叔问他要不要同他们一起骑马从意大利到中国。这个热爱冒险的17岁男孩竟然毫不犹豫地答应了！

从1271年开始，马可·波罗开始了他的旅行。马可说，在旅行中，他在沙漠里仿佛听到了死神的召唤。但是，当他到达庞大而辉煌的元朝首都时，他觉得这一切都是值得的。因为一切都是那么神奇：可以买东西的纸币，色彩艳丽的纹身，像神话中独角兽一样的犀牛……

马可·波罗把这次旅行写成了一本很受欢迎的《马可·波罗行记》。后来，就是这本书唤起了另一名意大利青年的冒险精神，他就是克里斯多福·哥伦布。

第一次环球航行

在弗迪南·麦哲伦的时代，人们相信地球是圆的，但却没有一个人通过环球旅行来证明这个

事实。于是，证明地球的形状这件事就成了麦哲伦义不容辞的责任。

1519年，他开始了他的航行。可怕的暴风雨几乎使他的船队覆没。由于食品短缺，他和他的队员们不得不拿船上的老鼠充饥。3年过去了，只有5艘船胜利到达终点，就是这些船带回了第一批环球航行的勇士们。

第一次考察中部非洲

从1841年至1873年，对于苏格兰博士、传教士大卫·立文斯顿来说，穿越非洲的沙漠、雨林和荒山意味着实现自己的梦想。他曾与狮子搏斗并差点儿失去一条手臂；他发现了世界上最大的瀑布之一，并以英国女王的名字将它命名为"维多利亚"。

他在寻找尼罗河源头的路上失明了。5年后，新闻记者亨利·斯丹在一个小茅屋前找到了立文斯顿博士，并提出了著名的口号："立文斯顿博士，我想我做！"这句口号激励了无数后来的探险家。

最早到达北极

1909年，罗伯特·皮尔瑞和他信赖的伙伴马瑟·汉森以及其他4名队员一起向北前进。在前往北极的途中，他们铲除了15米高的冰峰，忍受着极其寒冷的天气，遭遇过漫无边际的大雾——那大雾仿佛是整个北美大草原燃烧后冒出的黑烟。

当他们最终到达北极时，衣衫褴褛的皮尔瑞激动万分，他挥舞着妻子亲手缝制的美国国旗，真实地感觉到自己正站在世界的顶端。

最早到达南极

1911年，在向北极航行的途中，挪威人罗德·阿蒙森突然决定前往南极。因为他认为，比起考察已经被开发的土地，成为

首先到达南极的人更酷。

"我将在那里战胜你！"阿蒙森把这个消息传给了他的竞争者——正在前往南极途中的探险家英国人罗伯特·斯科特。

在世界上最冷的地方，阿蒙森靠北极因纽特人的狗拖着雪橇在冰雪覆盖的荒原上滑行。事实证明，这简直就是一个绝妙的主意。斯科特选择了矮种马作为交通工具，结果马蹄在雪地上不停地打滑。最后，阿蒙森比斯科特早4个星期到达南极。

然而，不幸的是在回程的路上，斯科特和与他同行的4人全部因为饥饿和严寒而牺牲。当时，他们离下一个供给站仅仅几英里的路程。

从此，斯科特成了一个传奇人物，一个英国人心目中英雄的象征。

　　而真正的胜利者阿蒙森却被人们轻视、不屑。同样的经历，却带来如此强烈的反差。或许，这个真实的故事也验证了大多数故事中"英雄必死"的结局规律。

延 伸 阅 读

　　约翰·戈达德是20世纪著名的探险家、英国皇家地理学会会员和纽约探险家俱乐部成员，8岁时他得到祖父送给他的一幅世界地图。15岁时写下人生的127个梦想。52岁时，约翰·戈达德经历了18次死里逃生，克服了难以想象的困难，实现了106个愿望。

千年古刹的脚步声

千年古刹里的怪声

在我国湖南省沅陵县博物馆工作了17年的曹忠球最近一直想换个工作，因为值夜班，他已经几次在半夜左右听到一种奇怪的声音，这个声音让他感到恐惧。

老曹上夜班负责的是整个沅陵博物馆的安全保卫工作，陪伴他的还有一只看家护院的狗。在夜深人静的时候，哪怕听到一点儿

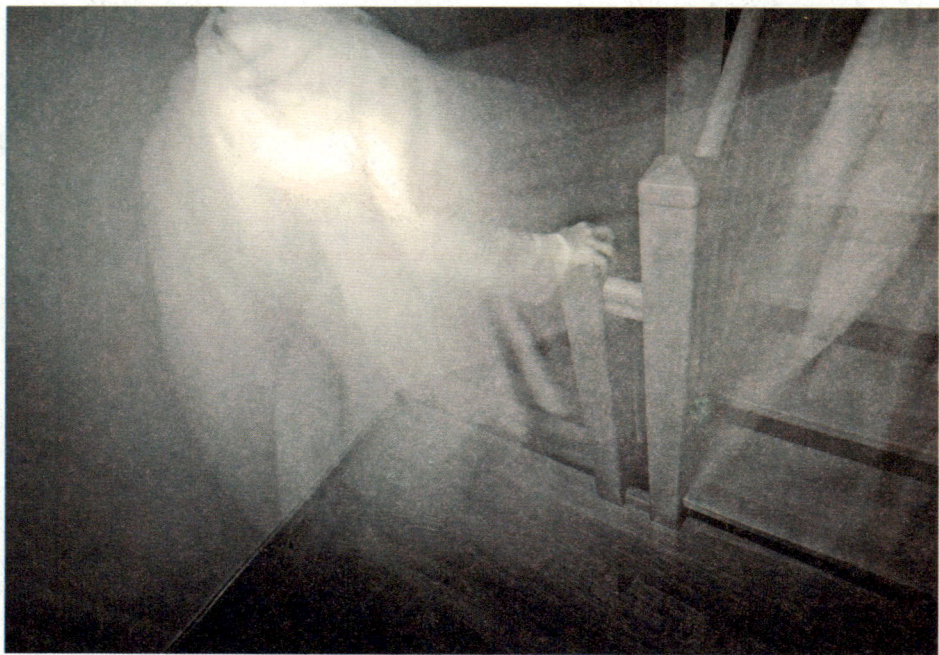

响动都会感到害怕。他把听到怪声的事向同事说起，起初同事们都不以为然。可是过了没多久，一位叫郭川陵的同事加班，居然也听到了诡异的声音。

一天晚上，郭川陵在位于古寺前段的头过殿暗房洗照片，半夜1时左右，四周非常安静，他清晰地听见有脚步声从台阶上走下来。

听到诡异的脚步声，老曹和郭川陵都感到不安，他们把这个情况向馆长夏湘军做了汇报，可是没想到夏馆长也有和他们类似的经历。可是，就算是夜深人静，我们听到一点儿声音也不至于那么害怕，为什么他们却感到这么恐惧呢？

元代古尸复活

龙兴讲寺是一个古寺的建筑群，始建于唐代的贞观年间，也就是公元628年，是古代僧人宣讲佛法的地方，1000多年来历经修缮，至今仍然保存得比较完好，是我国长江以南地区保存的历史比较悠久的一处全木结构古建筑群。

博物馆就在古寺里，而且古寺里还展出一些文物，其中有湖南虎溪山汉墓出土的文物，以及元代古墓出土的文物。其中元代古墓是一对元代夫妇的合葬墓，挖掘古墓的时候，考古人员发现，这对元代夫妇的尸体并没有腐败，于是就把经过处理之后的男尸存放在博物馆里展出。

白天，博物馆的工作人员并不会有害怕的感觉，可是自从老曹说起莫名其妙的脚步声后，大家心里开始有点儿犯嘀咕，难道真的是僵尸复活了吗？

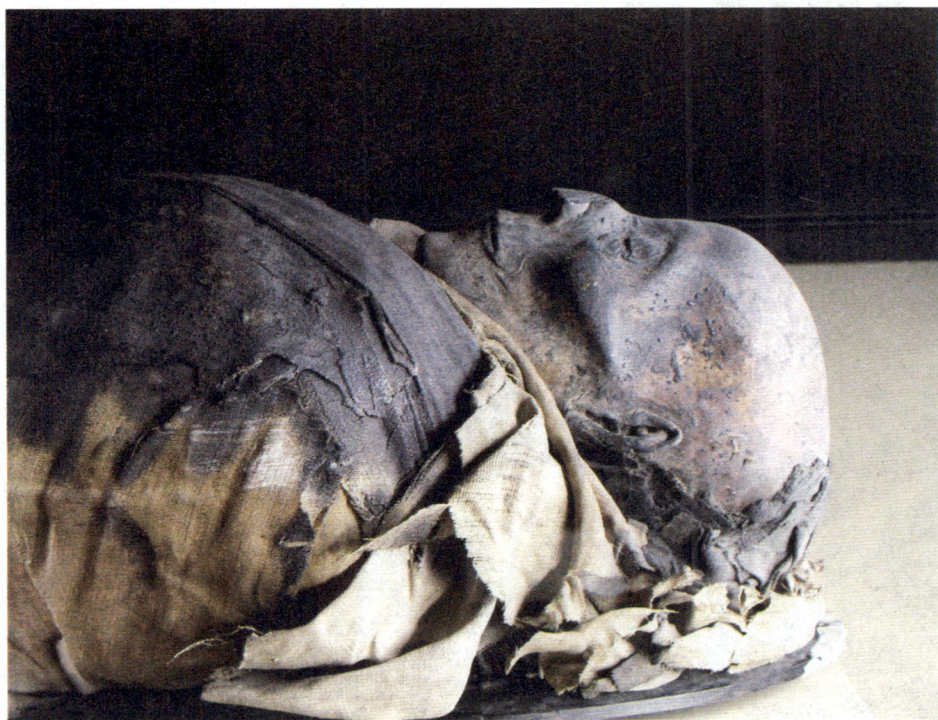

是大型动物制造的吗

听到怪声后，老曹决定找个同事一起查找这个声音的来源，可是当他们想再次听到那个脚步声的时候，却几个晚上都一无所获，他们重新检查了龙兴讲寺的各处大殿，都没有发现异常。

声音究竟是从哪里发出来的呢？据工作人员介绍，有段时间，龙兴讲寺曾经出现过很多老鼠。可能是老鼠发出的声音，但与老曹他们的描述相差甚远，大家很快排除了老鼠的嫌疑。

那么，会不会是一些大型动物制造出了一些诡异的响动，让老曹他们误以为是脚步声呢？龙兴讲寺依山傍水，环境清幽，也许会有其他动物光临这里。

工作人员曾经在院子里抓住过一只獾。虽然在院子里发现过

獾，可是獾不可能制造出像人走路的脚步声。除此之外，龙兴讲寺周围有居民居住，寺院的围墙也没有损坏，因此不可能有其他大型动物进到院子里。所以，有大型动物出没的可能也被排除了。

是幻觉还是错觉

在龙兴讲寺工作了17年的老曹听到诡异的脚步声的次数仅仅只有两次，而夏湘军和郭川陵也在博物馆工作多年，只听到过一次这种声音，说明这个声音的出现频率并不高。并且他们听到这个声音的时候都是在半夜时分，这个时候也是龙兴讲寺最寂静的时候，人的听觉特别灵敏，人在这个时候也最容易产生幻觉。

在千年古刹龙兴讲寺这个特定环境里，受到一些潜意识的心理暗示，比如老曹总是想到存放在寺里的古尸会复活，这时候如

果有点儿异常的响动，那么出现幻听这样的感觉就不足为奇了。那么，会不会是老曹他们晚上值夜班，在一些偶然因素的影响下出现了一些幻觉，才听到了脚步声呢？

北京绿色心情心理工作室的教授说："如果是在千年古寺，又是在夜深人静的时候，人的意识就会减退，潜意识的东西就会加强，就像在半梦半醒当中容易出现幻觉或者是出现一些错觉一样。"

然而，就算这是老曹的幻觉，可是为什么3个人都听到了脚步声而不是其他的声音呢？对此教授的解释是：人越渴望什么，就越会感觉到什么。夜深人静的时候，渴望有人过来给自己做伴，有人过来的过程就是用脚步来代替的。在心理学中还有一个理论就是心理暗示，第二个人受到第一个人的影响，也会不自觉地联想到某种情境。当老曹描述的声音被同事听到后，由于相同的环境和恐惧感，同事似乎也听到了恐怖的声音。其实这个声音在老曹那里就是一种错觉，然后其他人在不断地重复这种错觉。

龙兴讲寺的怪声之谜

龙兴讲寺地处湖南省西部山区，面朝沅水和酉水两条大江，南方夏天天气潮湿，秋天变得非常干燥。由于温度和湿度的影响，木结构建筑会因为连接处发生形变而发出一些声音。这种理论上的推理在实际生活中会不会真的存在呢？

湖南大学建筑学院研究古建筑的专家对沅陵龙兴讲寺的情况非常熟悉。他说："在南方地理气候条件下，温差变化很大，木材在温度的变化下和干湿度的变化下会变形或者是开裂、弯曲，如果两个建筑之间变形的幅度不一样，就会产生错位。错位之后的木材之间发生挤压、膨胀，积蓄了足够的力量之后，就会发生断裂或者位移，并伴随着一些声响。"

经实地考察，湖南大学的专家指出，老曹他们听到的"嚓嚓"声，就是木结构房屋在温度和湿度的变化下产生形变而发出的一种声音。在恐惧心理的影响下，这些声音被放大，大家把这声音想象成了令人恐惧的声音。龙兴讲寺并没有鬼，僵尸也不可能复活，人在特定环境下感到恐惧，仅仅是一种正常的心理反应。

延 伸 阅 读

现在龙兴讲寺的老曹也不再要求换工作了，因为他的心理问题被解决了，他不再对古刹里的怪声感到害怕。黑暗和寂静仍然是龙兴讲寺夜晚的写照，但也正因为黑暗和寂静，才让龙兴讲寺这座千年古刹显得别具一格。

谁是征服珠峰的第一人

登山史上的悬念

大多数人把1953年登上珠穆朗玛峰的新西兰人埃德蒙·希拉里和尼泊尔人邓金·诺吉视为世界上第一批登顶珠峰的人。不过，也有人怀疑这一壮举早在1924年就已经被英国登山者马洛里和埃尔文完成了。因为在这一年的6月8日，与他们同行的登山队的其他队员亲眼看到这两位登山者攀上了离山顶最高点只有几百

米的地方，并且继续向顶点冲击。

然而，他们最终消失在山上那片神秘的迷雾中，再也没能回来。于是，"谁是征服珠峰第一人"这个问题便成了世界登山史上遗留至今的悬念。

一部失踪的相机

根据历史资料，马洛里登顶的路线要经过一段现在被称为"第二阶梯"的地方，这是一片裸露的岩层，非常难于攀登。尽管有人认为马洛里和埃尔文1924年有可能成功登顶，但仍有很多人怀疑，以当时落后的登山设备，他们两个人根本无法通过"第二阶梯"。

1999年，美国登山家埃里克·西蒙森率队在珠峰海拔8150米的地方发现了马洛里的尸体。他身上还绑着绳子，但绳子已经断开，右臂肘部脱臼，右腿多处断裂，头部也有重伤。

显然，他是急速跌落身亡的。人们在马洛里的尸体附近还发现了一个氧气瓶，但没找到埃尔文的遗体。他们发现马洛里把黑色的防风镜放在口袋里，西蒙森据此相信，马洛里已经登顶，遇难时是在下山的路上。

根据资料，参加1924年登山探险的霍华德·索莫韦尔在马洛里冲顶前曾把一架照相机交给了他，人们推测那里面很有可能留下了他们是否登顶的证据。

中国队员的回忆

现在看来，要解开1924年是否有人成功登顶的谜团，只有找

到埃尔文的尸体和那架相机才行。

2003年，曾参加1960年中国登山队登顶行动的许竞对英国《星期日泰晤士报》透露，当年他曾在珠峰北坡海拔8272米的地方发现过埃尔文的尸体，地点就在发现马洛里的尸体的碎石斜坡的上方。

许竞说："埃尔文的尸体在一条约一米宽的崖壁裂缝中。他躺在睡袋里，好像是想暂时在那里避一避，不料一睡不醒。当时埃尔文的尸体是完好的，只是皮肤已经发黑。"

这一信息为寻找埃尔文的尸体带来了一线希望：如果许竞描述的情况是准确的，那么埃尔文的尸体，连同那架失踪的照相机都有可能被找到，从而使所有问题迎刃而解。所以，要解开"谁是登顶第一人"这一历史谜团指日可待。

延 伸 阅 读

随着珠峰的高度不断地增长，它的名声也与日俱增。"珠穆朗玛峰"已经成为"个人成就"与"战胜逆境"的同义词。但是，虽然攀登技术在不断进步，却仍有200多人在试图创造个人纪录时丢掉了性命。多数尸体都留在那里，成为珠峰严酷条件的凝固的见证。

探寻诡异的杀人湖

离奇的死亡

2002年8月初，美国洛杉矶市的克曼罗海洋火山考察研究组组成了一行3人的考察队。队长是研究所退休女研究员莫莱，队员为其28岁的弟弟赖钦·达罗克姆和32岁的哥哥奇尔顿·达罗克姆，兄弟俩都是海洋火山学家。

考察队考察的对象是茨基火山与茨基湖，茨基火山非常奇特，虽然它内部的岩浆活动已经持续了数百年，山口还经常冒出

白烟，可是一直没有喷发，成为世界海洋火山研究界的一个谜。茨基湖位于火山口内，是奇特的火山湖。据说，湖中有时会冒出不可捉摸的魔鬼，杀人不见血。

8月19日，考察队来到茨基火山下，几十米深的山口下，茨基湖水平如镜。奇尔顿想测量湖深，却发现声呐仪由于电池受潮而无法使用。于是，他往水里抛下一块大石头，根据回声测量水深。

赖钦与莫莱考察坡外情况。过了一会儿，赖钦独自登上山口张望，发现哥哥倒在岸边，他立即跑下坡。突然，他感到胸闷，心跳也骤然加快。同时，脚像灌满了铅一样，怎么也挪不动了。他感到奇怪，几秒钟前还是好好的，怎么一下子就这样了呢？

他想叫莫莱来相助，可是怎么也喊不出声音。他张开大口，拼命喊叫，声音却小得像蚊子的声音一样；接着他觉得心快要跳出胸口，随即眼前发黑，他几乎要昏死过去。然而，一阵凉风吹来，他很快就恢复了正常。

他来到哥哥跟前，只见他死死地睁大眼睛，一眨不眨，嘴巴竭力张大，舌头长长地伸出，令人不寒而栗。这时，莫莱也赶来了。

赖钦摸摸哥哥的胸口，他的心跳早已停止了，身体已经僵硬。警察勘察表明，尸体没有受到任何打击，在奇尔顿身边既没有发现外人的脚印，也没有发现任何动物接近的痕迹。

警员们将尸体运到了当地警察局尸检中心。法医认定奇尔顿系窒息而死，可是在死者的脖子上没有痕迹。由于死者张大嘴，伸长舌头，加上口、鼻处没有任何加压的痕迹，因此法医也断定，口、鼻没有被人堵塞。奇尔顿之死太离奇了！

众多无头案件

警长说："20多年来，在这个湖边或者湖面的船上曾发生过50多例无头案件。近年来，我研究了所有案情，发现它们都发生在无风的时候。其中65％的案例的共同点是先向水下抛重物，接着抛物者窒息而死，死时模样也非常悲惨。因而，茨基湖有'杀

人飒'的恶称。"

"更令人不解的是，火山口底部有人窒息的同时，在十多米，甚至几米高的山口内坡上的人，却毫无异常。更离奇的是，约35％的人昏死后风一吹就自动醒了。醒来后，他们都说昏死前的憋闷比死还难受，可醒来后健康如常。更让人不解的是，还有许多不信邪的人大胆地向湖中抛重物，甚至连续抛重物，却安然无恙。我们费尽心机，但还是无法弄清其中的秘密。"

初次下潜湖底

2002年9月26日，赖钦套上简易的"浅潜装置"独自到湖底探测。他将决定告诉了莫莱，请莫莱作为证人前往。莫莱大惊："这样最多能潜10米，而茨基湖底肯定超过10米。不到湖底，意义不大，要到湖底，实在冒险。况且独自潜入这样一个'死亡之湖'，这怎么行呢!" 可是赖钦执意要去，莫莱决定陪同前往。

2002年10月2日，他们俩来到了湖边。下水后，随着深度的增加，赖钦觉得胸口的压力越来越大，水温也一下子升高很多，一看温度表，升高了约10摄氏度! 他虽然吃了一惊，但还是坚持下潜。

终于到湖底了。湖底有不少大小不等的洞口，每个洞口都冒出一串串水泡。

这时，他觉得手脚发抖，脑袋的血管快要爆开了，胸口快要被压炸了。可是，他还是尽全力控制住手，用带来的容器装满一瓶水样。经化验，水中冒出的气体为二氧化碳。而二氧化碳在空气中的含量只要达到10％就能置人于死地。

那么，洞口为什么会冒出这么多的二氧化碳呢? 赖钦决定再次下水探索，莫莱被他锲而不舍的精神感动了，同意再次陪同。

再次下潜湖底

2002年10月11日，他们又来到茨基湖边。这次赖钦套上性

能更好的"浅潜装置"。大约下潜至12米深处，他还没有发现多少水泡，可是再下潜约1米，突然发现了大量水泡。再细看，发现所有的水泡在离湖底约3米处就不再往上冒。好像上面有一层厚玻璃将水泡挡住了。他再细看这隔离层，觉得它们没有异常。上岸后，赖钦与莫莱才发现水样有些混浊，这在水下是无法看清的。

回来后，他们请科学委员会主任佩德尔到场，对水样进行检测。结果表明，水样中有大量其他湖泊中罕见的有机物。据分析，它与茨基湖中的沉淀物的化学成分十分相似。由此可以认定，这些有机物也是茨基湖中的特殊沉淀物。

一个月后，赖钦发现湖底冒出的水泡在离湖底约20厘米处受到阻挡，大量聚集。他欣喜不已，立即取出这一层面的水样。结果表明，水的比重增大，密度加大。进一步化验表明，有机物的

分子大量溶入了水分子的空隙中。

赖钦得出结论，由于加热的二氧化碳大量喷涌，促使这些特殊有机物溶于水，又将它们托起，达到一种平衡后，形成了一层比上层重的水层。随着这层水的渐渐增厚，密度慢慢加大，最终它像一层无形的"棉被"盖住了水泡，而原来沉底的沉积物则大量减少。赖钦兴奋不已，接着进行关键的"投石"试验。他在水面上小心翼翼地放下一块小石头。在石头穿过隔离层的一瞬间，大量的水泡从被打破的隔离层缺口处钻出，水面的二氧化碳的浓度骤增。水泡冒了一阵后，由于对隔离层向上的压力明显减轻，水泡仍然停留在隔离层下面，破洞已经自动"修复"了。

接着，他又向"湖中"扔石头，可是这时隔离层虽然被击破，但由于它下方的托力不足，所以漏洞很快就自动合拢。水泡并没向上冒多少。"连续抛石不杀人"的秘密也被找到了！接

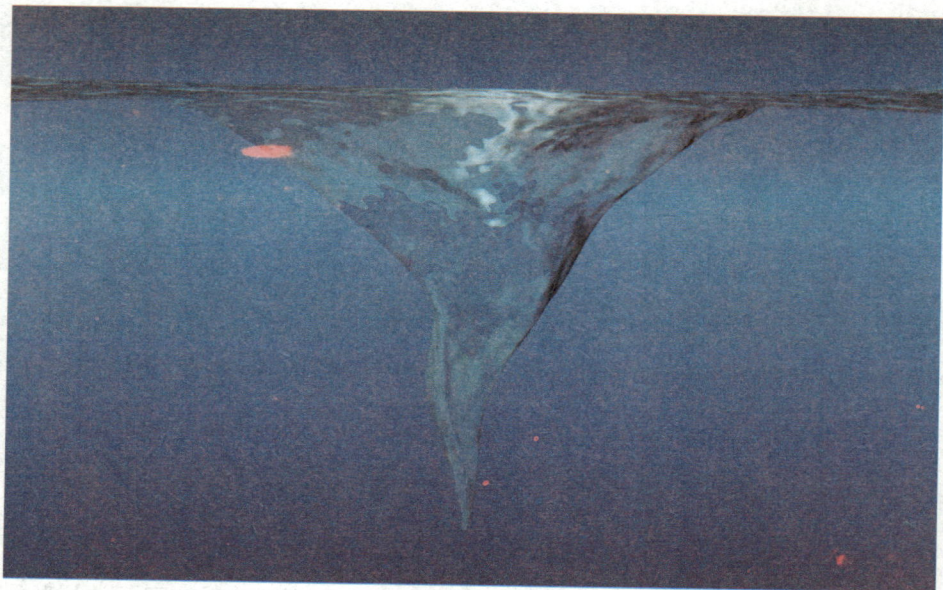

着，他又开始耐心等待，不再投石。两个月后，大量积累的水泡终于冲破隔离层最薄弱的一处，再次上涌，更神秘的"不抛石也杀人"的奥秘也被揭开了！

延 伸 阅 读

　　茨基湖位于非洲国家卢旺达境内，湖边生活着200万人口。看似平静的湖面下却潜伏着一个邪恶而又可怕的"魔鬼"。它曾经杀过人，并将继续进行杀戮，甚至将自己领地内的数百万人斩尽杀绝。科学家们正在与时间赛跑，以阻止这个"连环杀手"继续发动血腥攻击。

塔齐耶夫火山口探险

最猛烈的一次火山爆发

火山爆发是最令人恐惧的自然灾害之一。1883年5月20日，在印尼苏门答腊和爪哇岛之间的桑德拉海峡，一个叫喀拉卡多的火山岛爆发了，持续了3个多月。

8月27日，喷发的猛烈程度达到了极点，深红色的岩浆夹着滚滚黑烟，径直喷向天空，巨大的轰鸣声不绝于耳，黑云遮天蔽日，岩石变成暗红色的液体，犹如脱缰的野马奔腾咆哮，一泻千里。随风飘散的火山灰弥漫了天空，连日光也变得暗沉沉的。火山爆发造成36000多人丧生，爆发的巨响4800千米外都听得见，爆

发引起的海啸掀起的浪头高达30多米，吞没了数百条船只。

火山灰和裹挟的小石子如滂沱的大雨，以每小时90厘米厚的速度把方圆65千米的整个区域全部覆盖了。这是人类历史上有记载的最猛烈的一次火山爆发。

探索火山爆发的奥秘

火山爆发是可怕的，但人们并没有被它吓倒，许多勇敢的科学家冒着生命的危险去探索火山爆发的奥秘，比利时的哈伦·塔齐耶夫就是其中的一位。

在加勒比海东部的群岛中，有一个风景如画的小岛——瓜得罗普岛。1976年的夏天，小岛却被一阵乌云笼罩着，岛上的苏弗里埃尔火山连日来频频喷发，严重威胁着岛上70000多名居民的生命安全。一些火山专家认为，火山总爆发迫在眉睫，必须在6个星期内让全部居民撤离。一时间，岛上居民人心惶惶，是撤还是留下来，大家都拿不定注意。就在大家犹豫不决时，火山专家哈伦·塔齐耶夫来了。他从事火山探险40多年，积累了丰富的经验。以他为首的专家小组提出，苏弗里埃尔火山的内部结构与千岛群岛、印度尼西亚群岛上的许多火山构造相似，近期内每隔10分钟一次的小爆发是由于地下水被加热，产生高压蒸汽冲出来而引起的，因此不会发生灾难性的火山总爆发。

但以上仅仅是推测，它事关几万人的生命财产安全，必须有足够的证据才行。为此，塔齐耶夫决定亲临火山口，去察看岩石变化的情况。许多专家劝他打消这个大胆的念头，因为在频繁喷发的火山口进行这样的勘察十分危险，但塔齐耶夫坚持要冒这个险。

挺进火山

1976年8月30日清晨，塔齐耶夫一行9人戴上安全头盔和防火眼镜，穿着特制的防火衣出发了。在这段充满危险的道路上，他们一步三望，小心翼翼，经过几小时的攀登，终于爬到了海拔

1467米的火山口附近。就在这里，塔齐耶夫发现两位化学家掉队了，更糟糕的是，火山口突然冒出一股可怕的透明气体，它缓缓地穿过云层，并变成黑色。紧接着，岩浆像钢水般沸腾起来，好几处窜起几十米高的"喷泉"，接二连三的爆炸声震耳欲聋，团团黑烟升起。塔齐耶夫意识到，他们遇上了火山喷发。无数岩石碎块雨点般地抛落在他们身上，情况十分危急，必须找个暂时安身的地方。在这阵慌乱中，探险队又有两个人走失了，塔齐耶夫和其余4人紧缩成一团，躲进了泥沼地。

泥沼地并不是安全地带，岩石碎片还是不停地从空中落下来，有两块砸在塔齐耶夫的头盔上，震得他两眼冒金星，险些昏倒过去。此情此景，对经历过上百次火山探险的塔齐耶夫来说，这次无疑是最危险的一次，因为他们离火山口太近了。时间好像有意放慢了步伐，使塔齐耶夫感到窒息，度日如年。火山仍不停

地喷发着，塔齐耶夫的周围积满了岩石，他意识到，死神随时可能降临。看着4个同伴狼狈地趴在地上，塔齐耶夫感到一阵内疚，是自己把他们引入烈火和死亡的境地，但现在无论怎样自我责备都是毫无意义的，唯一的希望就是早点儿脱离险境。岩浆喷溢的速度快得惊人，每小时达80千米。在他们周围，每分钟都要落下三四十块岩石。

就在这时，一道炽热的熔岩从塔齐耶夫身边流过，热浪烤得他透不过气来。塔齐耶夫下意识地向后移动一下，但最后还是鼓足勇气，冒着生命危险伸出用特种耐高温合成金属做成的探棒，蘸取了少量熔岩样品，当探棒接触熔岩的一瞬间，探棒上的温度计立即显示出岩浆温度——1250摄氏度。

冒险进行探测

不久，流出的岩浆渐渐变成了黑褐色。探险者们乘着火山轰鸣

的间隙赶紧取出电脑分析仪，分析岩浆中的各种成分。除此以外，他们还搜集了硫化物、氯化物和其他一些气体样品。经过分析，塔齐耶夫发现这些气体的浓度比原先估计的要低，以上一系列数据使这位火山专家深信，苏弗里埃尔火山不具备总爆发的条件。

"袭击"又开始了，塔齐耶夫竭力控制住自己的情绪，镇定地趴在发烫的地面上。就在这时，一块滚烫的碎石砸向他的膝盖，一阵钻心的痛楚过后，他感到双脚麻木，全身一阵抽搐。塔齐耶夫下意识地伸了伸腿，发现自己的脚还能动弹，他抚摸着膝盖，抹去干硬的泥痂，暗自庆幸没有骨折。

他紧贴着地面，默默地等待着火山喷射的结束。喷射持续了8分多钟，塔齐耶夫根据以往的经验，火山大爆发的高峰时间极短，往往只有几秒钟，甚至还不到1秒，但喷射出的岩浆碎石数量却极大。可现在，岩浆溢出火山口过了两分钟才到达高峰，这使塔齐耶夫更坚定了自己的看法：在近期内，苏弗里埃尔火山不会发生可怕的大爆发。正当塔齐耶夫在认真地思索时，又产生了

一次岩浆喷射，一块10千克重的石块撞在他的胸部，击断了他的几根右肋骨。他除了感到胸骨一阵声响、鲜血直往外流以外，就什么也不知道了……

又过了十多分钟，隆隆的喷发声终于停止了，周围喧嚣的世界一下子变得寂静无声，火山喷发的溶液不但把生物消灭了，好像连空气也被胶着凝固了一般，四周静得连一根针落地的声音也能听见。

也许是上帝的仁慈，浑身血污的塔齐耶夫居然奇迹般地苏醒过来。他和同伴们拖着伤痕累累的躯体缓缓向山下转移。他们互相搀扶着，忍着伤痛，深一脚浅一脚地走下山来。

临走时，塔齐耶夫还不忘记抓几块刚冷却的熔岩标本，塞入身边的耐火袋中。这时，一架直升机发现了他们，他们终于得救了。

无所畏惧的"火神"

当人们把塔齐耶夫送进医院时，他已经遍体鳞伤，右肋、膝

盖和颈部流血不止，防火衣上有好几处被熔岩损坏，使不少地方的皮肤属于两度烫伤。由于塔齐耶夫的冒险勘测，使瓜得罗普岛上的75000名岛民避免了一次搬家大迁移，他因此受到政府的嘉奖，被人们誉为无所畏惧的"火神"。

延 伸 阅 读

　　火山喷发是一种奇特的地质现象，是岩浆等喷出物在短时间内从火山口向地表的集中释放。由于岩浆中含大量挥发成分，加之上覆岩层的围压，使这些挥发成分溶解在岩浆中无法溢出，当岩浆上升靠近地表时，压力减小，挥发成分急剧被释放出来，于是形成了火山喷发。

探险家发现普氏羚羊

自然博物学家向导

在130多年前，有一支由骆驼和马匹组成的队伍从北京出发了，这是一支俄罗斯探险考察队。在队伍中，有一个个头不高、健壮魁梧、长着大胡子的人，他名叫尼古拉·普热瓦斯基，是一位沙俄军官，一个职业情报官。

这支考察队伍的目的地是青海湖。青藏高原是普热瓦斯基一生的梦想。虽然是职业情报军官，但实际上，普热瓦斯基也是一

位自学成才的自然博物学家，他十分爱好收集各种野生动物和植物标本。

在这次远行之前，他曾在西伯利亚、远东、中国东北的兴凯湖、黑龙江、乌苏里江考察时采集过大量的动植物标本，写下了详尽的考察日记，还绘制了地图。他在探险中取得的成就轰动过国际地理界，而且还获得了国家授予他的银质科学奖章。

从北京到青海湖，全靠一步一步地走了过去。饥饿、干渴、风沙，都没有阻挡普热瓦斯基的前进的步伐。这队衣衫褴褛、尘土满身的人马走过了内蒙古高原、阿拉善高原，穿过了河西走廊，最后终于爬上了蓝天湛湛、白云朵朵、雪山皑皑、草地无边的青藏高原。

因为考察队没有携带多少食品，所以他们一路上靠猎杀野生动物作为食物。每天傍晚，他们扎下帐篷，将白天射杀的猎物开膛破肚，把肉块扔进汤锅里煮，留下皮张和骨骼作为标本。在考察队的骆驼的背上，有大包的动物、鸟类和植物标本。

发现普氏羚羊

这天，考察队又在高原上射杀了几只像黄羊一样的动物。像往常一样，他们解剖了那些猎物，吃掉肉块，留下皮张和骨骼。由于种种原因，普热瓦斯基未能到达拉萨，这次考察在1873年结束了。

普热瓦斯基一行把收集的40多种哺乳动物的130张兽皮和头骨标本、230种的近千个鸟类标本、10种爬行动物的70个标本、11种鱼类标本和3000多种昆虫标本全部送给了俄罗斯科学院动物研究所，其中包括那些像黄羊的动物的头骨和皮张。

考察结束之后，普热瓦斯基带着他收集的各种标本回到了俄罗斯科学院。俄罗斯的动植物学家们为了鉴定这些标本，忙了很长时间，因为普热瓦斯基带回来的标本有许多都是他们没有见过的。动物学家们费了很大一番工夫，发现了在世界上已经存活不多的一种珍稀羚羊——普氏原羚。

由于普氏羚羊在世界上存活的数量并不多，而且它生存的地

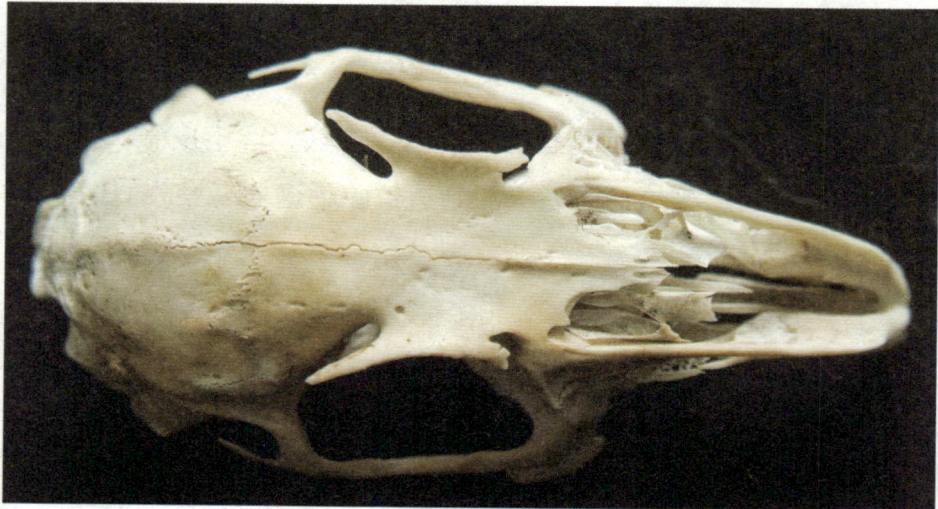

方又人迹罕至，所以人们对它知道得不多。直至今天，在科学家们的眼里，普氏羚羊依然有许多还没有被解开的谜团。

可是，100多年以来，人们无视生存环境，破坏自然生态，大量猎杀动物，普氏羚羊的数量在一天天地下降。这种世界稀有的羚羊已经被国家林业局列入了"中国十五大野生动植物保护工程"。

延 伸 阅 读

普氏原羚全身黄褐色，臀斑白色。仅雄性有角，双角角尖相向钩曲。以数头或数十头为群，冬季往往结成大群。曾经广泛地分布于内蒙古、宁夏、甘肃及青海等省。由于人类活动的影响及栖息地环境恶化，该物种的数量下降，分布范围锐减。